Maged Hassanien & Rosalia Sulikova

Steigerung der Effektivität und Effizienz der Weiterbildungsmaßnahmen durch Zusammenarbeit von Weiterbildungsunternehmen und KMU

SCIENTIA NOVA
Das interdisziplinäre Wissenschaftsmagazin
Sonderdruck 1/2016

Institut für Akademische Zusammenarbeit
Institute for Academic Cooperation

Marosi Verlag, Dr. phil. Silvia Marosi

Bibliographische Information der Deutschen Nationalbibliothek
Die Deutsche Nationalbibliothek verzeichnet diese Publikation in der Deutschen Nationalbibliographie. Detaillierte bibliographische Daten sind im Internet über http://dnb.d-nb.de abrufbar.

Dr. phil. Silvia Marosi, Ludwigshafen am Rhein
marosiverlag@gmx.de &
Institut für Akademische Zusammenarbeit
Institute for Academic Cooperation
Tonhallenstraße 19, D-47051 Duisburg

Druck: Books on Demand GmbH, Norderstedt
Printed in Germany 2016

ISBN 978-3-945636-07-7
ISSN 1861-4043

Herausgeber	Institut für Akademische Zusammenarbeit Institute for Academic Cooperation Tonhallenstraße 19, D-47051 Duisburg Telefon +49 203 9413091 Telefax +49 203 9413092
Redaktionsleitung	Rechtsanwalt Dr. iur. JUDr. Klaus U. Groth (V.i.S.d.P.) Dr. oec. Rainer Schreiber (V.i.S.d.P.)
Ausführende Redakteurin/Verlag	Dr. phil. Silvia Marosi, Marosi Verlag, Ludwigshafen

INHALT

Steigerung der Effektivität und Effizienz der Weiterbildungsmaßnahmen durch Zusammenarbeit von Weiterbildungsunternehmen und KMU

Maged Hassanien
(haseberle@t-online.de ; IHK Darmstadt, Deutschland)
&
Rosalia Sulikova
(rozalia.sulikova@fm.uniba.sk, Comenius Universität in Bratislava, Slowakei)

1. Kompetenzen für Innovations- und Wertschöpfungsprozesse

Zu den Wettbewerbsvorteilen eines Unternehmens zählt bekanntlich seine organisatorische Fähigkeit, strategisch bedeutsame Kompetenzen für eigene Innovations- und Wertschöpfungsprozesse zu nutzen. Auf diese Weise verbessert es seine Wettbewerbsfähigkeit.

Viele kleine und mittlere Unternehmen (KMU) nutzen diese Chance für mehr Wachstum nicht.

Hierbei haben die befragten Unternehmen klar zu erkennen gegeben, dass sie meist keine eigenen Bedingungen und Ressourcen vor Ort haben, um Kompetenzentwicklungsstrategien zu planen und die Nachhaltigkeit ihres Transfererfolgs bei Weiterbildungen zu messen und zu sichern.

Wenig entwickelt sind in diesen Unternehmen die Strukturen und Prozesse zur Personalentwicklung und damit die internen Dienstleistungen für Veränderungen und Innovationen in den operativen Prozessen.

Die Erfolgsbewertung durch die mit der Durchführung von Qualifizierungs- und Entwicklungsmaßnahmen beauftragten Weiterbildungsunternehmen beschränkt sich auf das Lernfeld.

Für die Sicherung des Wissenstransfers wäre es jedoch notwendig, das Weiterbildungscontrolling auch auf die Tätigkeitsfelder der Teilnehmerinnen und Teilnehmer auszudehnen. Schließlich kommt es nicht nur darauf an, ob der Teilnehmer einen Lernerfolg erworben hat, sondern ob er in der Lage ist, den Lernerfolg umzusetzen.[1]

Nutzenorientierte Bewertungen, d.h. Bewertungen des Erfolgs von Qualifizierungsmaßnahmen aus der ökonomischen Perspektive, spielen in der Praxis kaum eine Rolle.

Die niedrige Eigenkapitalquote in den KMU hemmt Investitionen in die berufliche Kompetenzentwicklung. Nicht zuletzt fehlen marktfähige Dienstleistungsangebote zur Unterstützung der Innovationsprozesse in den KMU.

Wie kann also die Kompetenzentwicklung für Innovationsprozesse in den KMU durch innovative Weiterbildungsunternehmen gefördert werden und wie kann der Erfolg der beruflichen Weiterbildung für das Unternehmen, seine Beschäftigten und die Beteiligten gemessen und bewertet werden?

---

[1] HUMMEL, R.: *Erfolgreiches Bildungscontrolling. Praxis und Perspektiven.* – Heidelberg, 2011, S. 35 ff.

Ein strategisches Handlungsfeld für die Weiterbildungsunternehmen ist die systematische Entwicklung passgenauer Leistungen zur Lernunterstützung im Dialog mit den KMU. Ihre Wünsche und Bedarfe sind der Ausgangspunkt und der Nutzen, das Ziel des Entwicklungsprozesses, in den sie als Kunden durch die Weiterbildungsunternehmen integriert werden.[2] Vorbild für die systematische Dienstleistungsentwicklung in Weiterbildungsunternehmen ist das Konzept der „Innovations- und Wertschöpfungspartnerschaft" (IWP).

2. IWP – Ein Konzept zur dialogischen Leistungsentwicklung

Innovations- und Wertschöpfungspartnerschaft fördern die dialogische Leistungsentwicklung zwischen Weiterbildungsunternehmen und KMU. Schwerpunkte sind:

- Die Entwicklung passgenauer Leistungen für Qualifikations- und Entwicklungsprozesse in KMU
- Die Schaffung der dafür notwendigen personellen und organisatorischen Voraussetzungen in den Weiterbildungsunternehmen

Die wichtigste Aufgabe für die Weiterbildungsunternehmen ist die systematische Entwicklung passgenauer Leistungen für die Qualifikations- und Entwicklungsprozesse in den KMU. Die KMU (Nachfrager) beteiligen sich an der Entwicklung und

---

[2] SCHÖNI, W.: *Handbuch Bildungscontrolling – Steuerung von Bildungsprozessen in Unternehmen und Bildungsinstitutionen*. – Zürich, 2009, S. 124 ff.

Durchführung der neuen Dienstleistungen des Weiterbildungsunternehmens (Anbieter) und am Controlling. Die Tatsache, dass viele Unternehmer von KMU bzw. Weiterbildungsunternehmen

a. in vielen Fällen selbst innovativ sind,
b. ihre innovativen Mitarbeiterinnen und Mitarbeiter persönlich kennen
c. den kleinen innovativen Kern ihrer Mitarbeiterinnen und Mitarbeiter direkt fördern,

ist von Vorteil für das Zustandekommen und den Erfolg solcher IWP. In die Vorbereitung und Durchführung ihrer Entwicklungsprojekte integrieren sie ihre Kunden und beteiligen strategische Partner.

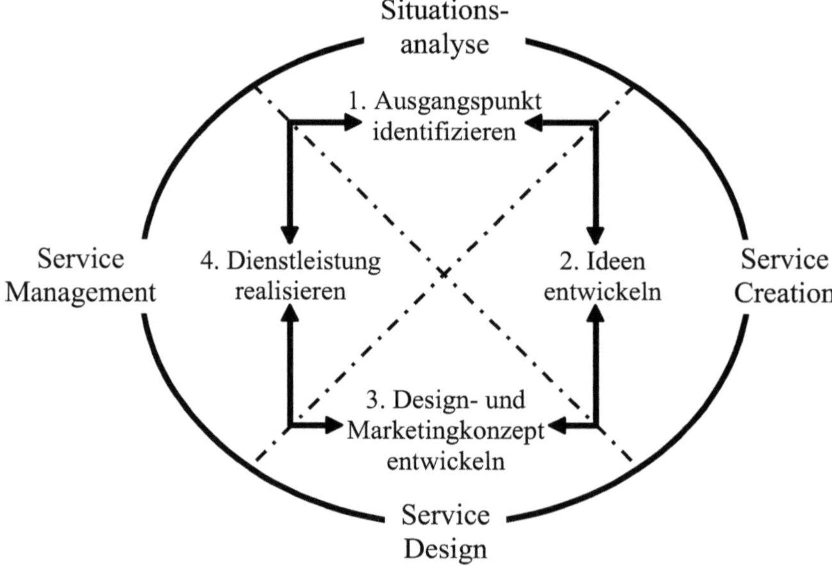

Abb. 1: Vier-Phasenmodell des Service Engineering nach Bullinger & Scheer[3] (eigene Nachbildung)

[3] BULLINGER, H-J. & SCHEER, A.-W.: *Service Engineering, Entwicklung und Gestaltung innovativer Dienstleistungen.* – Heidelberg, 2004.

Methodische Grundlage für die dialogische Leistungsentwicklung zwischen Weiterbildungsunternehmen und KMU ist das 4-Phasen-Modell des Service Engineering.

Die kreisförmige Darstellung soll den systematischen, kontinuierlichen und flexiblen Charakter der Dienstleistungsentwicklung widerspiegeln.

3. Konzeption des partizipativen Weiterbildungscontrollings

Partizipatives Weiterbildungscontrolling ist ein Konzept, mit dem die betriebliche Aus- und Weiterbildung durch die KMU und die Weiterbildungsunternehmen sowohl ziel- als auch ergebnisorientiert geplant, gesteuert und kontrolliert werden kann.[4]

Die von der Qualifizierungs- und Entwicklungsmaßnahme betroffenen Mitarbeiter und Stakeholder beteiligen sich aktiv an diesem Prozess.

Zielorientiert heißt, dass die berufliche Weiterbildung mit der Unternehmensstrategie verzahnt wird, und ergebnisorientiert bedeutet, dass ökonomische (i.S. von Nutzenerwartungen) und pädagogisch-psychologische Kriterien und Kennzahlen die Grundlage für das Weiterbildungscontrolling bilden. In IWP mit Weiterbildungsunternehmen sind KMU nicht nur Co-Designer der neuen Dienstleistungen, sondern sie sind auch Co-Controller bei der Planung, Steuerung und Kontrolle der Service-Entwicklungsprozesse.

[4] Schöni 2009, a.a.O., S. 114 ff.

Dabei erstreckt sich das partizipative Weiterbildungscontrolling über alle Phasen einer Qualifizierungs- und Entwicklungsmaßnahme, von der Bedarfsermittlung und Planung über die Durchführung und den Transfer vom Lern- in das Arbeitsfeld bis zur Messung und Bewertung der Kosten und des Nutzens.[5]

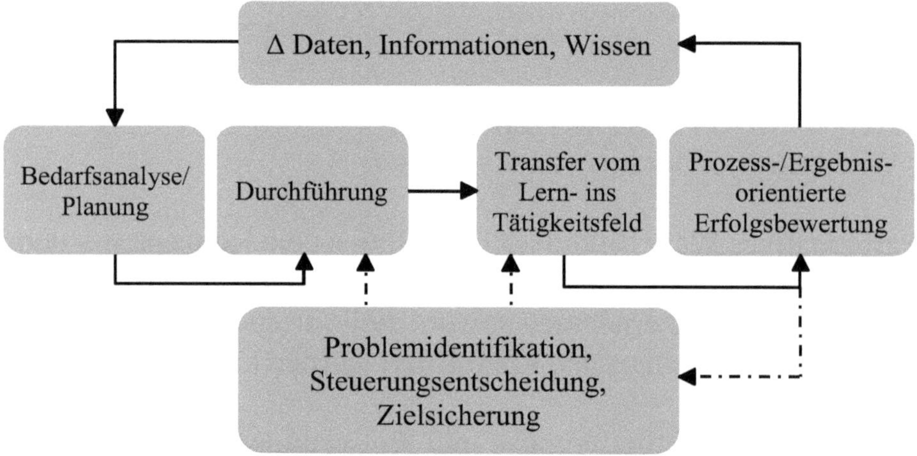

Abb. 2: Evaluating training programs: The four Levels nach Kirkpatrick[6] (eigene Nachbildung)

4. Methodische Grundlagen

Methodisch orientiert sich das hier vorgestellte Konzept Weiterbildungscontrolling am Vier-Stufen-Modell der Evaluation von Donald L. Kirkpatrick.[7]

---

[5] Baumgartner, O.: *Nutzenorientiertes Bildungscontrolling und „Best Business Practices“*. – Lich, München, Frankfurt/M., 2014, S. 56 ff.

[6] Kirkpatrick, D.L & Kirkpatrick, J.D.: *Evaluating training programs: The four levels*. – San Francisco, 1994, S. 86 ff.

[7] Ebenda, S. 86 ff.

Das Modell ist einfach, plausibel und praktikabel. Es erfasst das Lern- und Tätigkeitsfeld der Teilnehmer in einer Qualifizierungsmaßnahme und spiegelt die ökonomische und die pädagogische Dimension im Weiterbildungscontrolling wider.

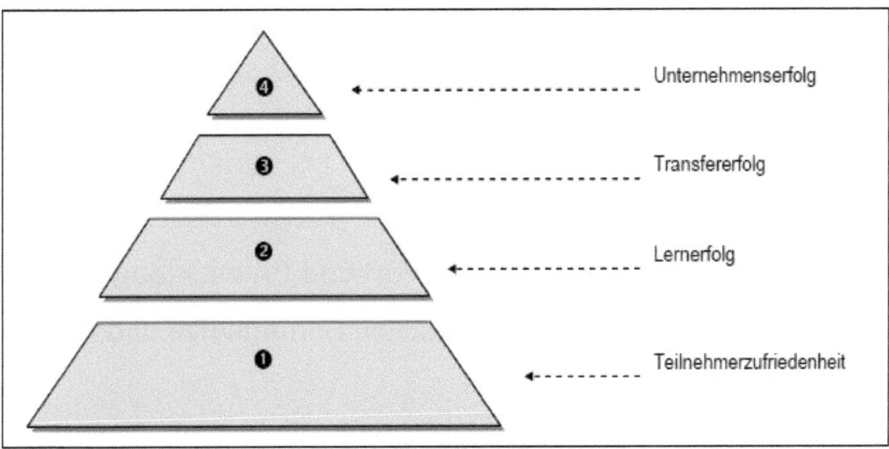

Abb. 3: Vier-Ebenen-Model der Evaluation von Donald L. Kirkpatrick[8]

Die Ebenen bauen aufeinander auf und messen die Zufriedenheit der Teilnehmer, den Lernerfolg, den Transfererfolg und den Unternehmenserfolg.

a. In der Regel messen Weiterbildungsunternehmen die Zufriedenheit der Teilnehmer mit standardisierten Fragebogen und
b. deren Lernerfolg, die Veränderungen ihrer Kenntnisse, Fähigkeiten und Verhaltensweisen, mit einem standardisierten Test- und Beobachtungsbogen am Ende eines Kurses. In einer Maßnahme zur beruflichen Weiterbildung von Arbeitslosen finanziert die Bundesagentur für Arbeit nur die Kosten des beauf-

[8] Ebenda

tragten Weiterbildungsunternehmens in der Durchführungsphase. Hier, an diesem Punkt zwischen Lern- und Tätigkeitsfeld, enden der Auftrag der Bundesagentur für Arbeit und das Controlling der Weiterbildungsmaßnahme.

c. Es wird deshalb nicht weiter geprüft, inwieweit das Gelernte im Tätigkeitsfeld umgesetzt wird, obwohl das mit Blick auf mögliche Transferhemmnisse notwendig wäre.

Zu solchen Transferhemmnissen gehören u.a.:

- Eine ungenaue Definition der Lern- und Entwicklungsziele
- Vorhandene Diskrepanzen zwischen Lerninhalten und Arbeitspraxis
- Motivationsprobleme der Teilnehmer
- Fehlende Möglichkeiten – mangelde/r Zeit und Raum für das Üben des Gelernten
- Falsches Verhalten der Vorgesetzten
- Widerstände der Kollegen gegen die Einführung des Gelernten
- Eine geringe Innovationsbereitschaft

Transferhemmnisse sind deshalb schlecht für die Innovationsbereitschaft. Sie hemmen notwendiges Wachstum und verursachen wirtschaftliche Verluste.

Ein Indiz dafür sind negative Fluktuationen, die immer einen Verlust von intellektuellem Kapital bedeuten und erhöhte Kosten für die Personalbeschaffung. Weiterhin ist es immer ein Verlust, wenn das Gelernte am Arbeitsplatz nicht oder kaum angewendet wird – somit ergibt sich selbstverständlich eine Notwendigkeit der

Anwendung der Weiterbildungsinhalte, d.h. der positive Transfer am Arbeitsplatz durch die Mitarbeiterinnen und Mitarbeiter.

Dies sollte zum einen für den Mitarbeiter positive Effekte erbringen (z.B. erhöhtes Arbeitsoutput und erhöhte Arbeitsqualität) und zum anderen für das Unternehmen, das gewisse Erfolgsziele ausgibt, die von den Mitarbeitern erreicht werden und somit durch die Weiterbildungsmaßnahmen positiv unterstützt werden sollen.

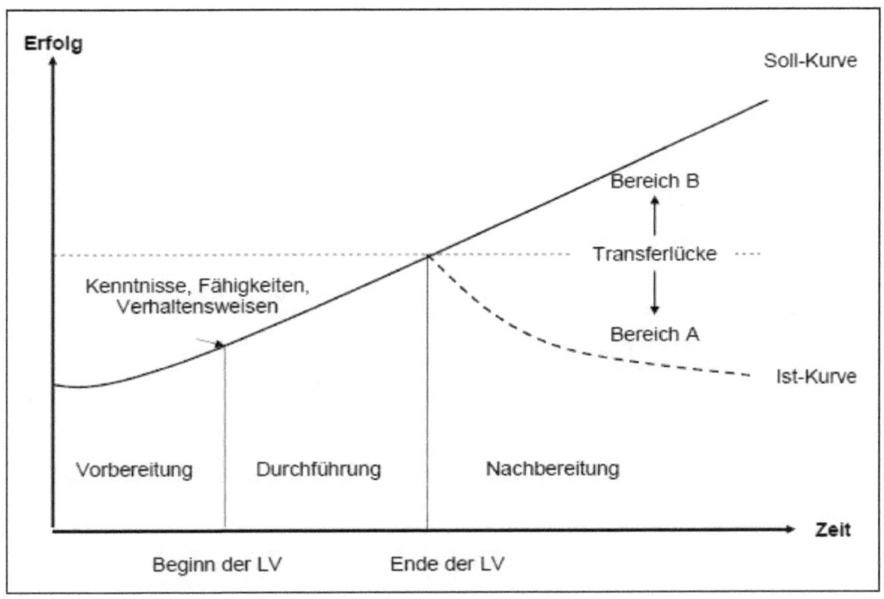

Abb. 4: Bildungs-Controlling – Erfolgssteuerungssysteme der Personalentwickler und Wissensmanager, Wilkening, O.[9]

Um diese Problematik zu veranschaulichen, hilft das „Konzept der Transferlücke“ von Otto S. Wilkening (s. Abb. 4). Die Kurve

---

[9] WILKENING; O.: *Bildungs-Controlling – Erfolgssteuerungssysteme der Personalentwickler und Wissensmanager.* – In: RIEKHOF, H.-C.: *Strategien der Personalentwicklung.* – Wiesbaden, 2009, S. 209 ff.

mit den von den Teilnehmern erworbenen Kenntnissen, Fähigkeiten und Verhaltensweisen erreicht zum Ende einer Qualifizierungsmaßnahme ihr Maximum und fällt danach wieder ab. Das kann mit den Transferhemmnissen im Tätigkeitsfeld erklärt werden.

Wie lassen sich solche Transferhemmnisse beseitigen? Unabhängig davon, in wessen Auftrag es vom Weiterbildungsunternehmen vorbereitet und durchgeführt wird, sind für jedes Projekt Maßnahmen zur Transferunterstützung zu planen.

In der Weiterbildungspraxis sind für das Lernfeld u.a. folgende Instrumente zur Transferunterstützung verbreitet:[10]

- Schaffung einer lernförderlichen Gruppenatmosphäre
- Sicherstellung der Praxisrelevanz des zu vermittelnden Stoffes
- Verbindung der Lerninhalte mit konkreten Arbeitssituationen
- Arbeit mit Fallstudien
- Durchführung von Projekten zum Abbau von Persistenzen gegenüber Innovationen
- Antizipation von lernförderlichen Strukturen und Prozessen in Organisationen
- Motivation der Teilnehmer zum Wissenstransfer

---

[10] KAUFFELD, S.: *Nachhaltige Weiterbildung. Betriebliche Seminare und Trainings entwickeln, Erfolge messen, Transfer sichern.* – Heidelberg, 2010, S. 110 ff.
KELLNER, H.J.: *Value of Investment. Neue Evaluierungsmethoden für Personalentwicklung und Bildungscontrolling.* – Offenbach, 2006, S. 99 ff.

- Abschluss von persönlichen Vereinbarungen mit den Teilnehmern über ihre Ziele und Transferaktivitäten

Instrumente zur Transferunterstützung nach einer Qualifizierungsmaßnahme sind u.a.:[11]

- Coaching durch den Vorgesetzten oder einen von ihm beauftragten Dritten
- Mentoring durch erfahrene Kollegen
- Persönliche Gespräche mit dem Vorgesetzten im Vorfeld zur Vorbereitung einer Qualifizierung, nach dem Abschluss zur Vereinbarung der Transfersicherung und drei bis sechs Monate später zur Beurteilung der Veränderungen
- Erhebung des Transfererfolgs drei bzw. sechs Monate nach Ende der Maßnahme mit einem Fragebogen
- Nachbereitungstreffen mit den Trainern bzw. Dozenten sechs Monate nach der Maßnahme zur Beurteilung der Wirksamkeit der Qualifizierung und/oder zur Auffrischung von Lernstoff
- Transfertreffen zum Erfahrungsaustausch mit anderen Teilnehmern der Qualifizierungsmaßnahme
- Beseitigung bzw. Minderung von auftretenden Transferhemmnissen
- Lern- und Wissensgemeinschaften einschließlich Good-Practices-Datenbank im Internet

Maßnahmen zur Transfersicherung sind deshalb so wichtig, weil ein Erfolg im Lernfeld nicht in jedem Fall bzw. automatisch mit einem Erfolg im Tätigkeitsfeld gleichgesetzt werden kann.

---

[11] Ebenda

Ein wichtiger Maßstab zur Beurteilung des Anteils am Erfolg einer Maßnahme der Bundesagentur für Arbeit ist die Vermittlungsquote. Eine hohe Vermittlungsquote nützt auch dem Weiterbildungsunternehmen und kann für die Bewerbung bei öffentlichen Ausschreibungen hilfreich sein. Welchen Nutzen haben aber Unternehmen aus Maßnahmen der beruflichen Weiterbildung, wenn sie daraus Teilnehmer beschäftigen?

d. Die Messung des Transfererfolgs durch das Weiterbildungscontrolling ist natürlich eine gute Voraussetzung für die sich anschließende Bewertung des Beitrages einer Qualifizierungs- und Entwicklungsmaßnahme für den Unternehmenserfolg.

Problematisch sind nach wie vor die Messung der Wirkungen von Qualifizierungsmaßnahmen und deren monetäre Bewertung. Die Literatur sieht hierbei die wichtigste und zentrale Bedeutung des Bildungscontrollings. Zum einen soll die Bildungsmaßnahme sinnvoll und geplant bezüglich des Bedarfs durchgeführt werden – der Bedarf sollte sich an den Unternehmenszielen und strategischen Bildungszielen ausrichten.

Anschließend muss die Durchführung mit ihren Weiterbildungsanbietern im Rahmen der effektiven und effizienten Sichtweise im Bildungsprozess diesen Zielen gerecht werden und den sogenannten Lernerfolg bei den Teilnehmern erzielen.

Somit ist die Basis vorhanden, den Transfer am Arbeitsplatz bzw. im Tätigkeitsfeld zu gewährleisten – dieser Transfer muss im Sinne der geplanten Ziele einen effektiven Nutzen erbringen, d.h. der Lernerfolg muss am Arbeitsplatz positiv angewendet werden und zu einem ökonomischen Nutzen führen, der über z.B. Wirtschaftlichkeitsrechnungen, Cost-Benefit-Rechnungen oder Investitionsrechnungen etc. gemessen werden sollte.

Ein anderer Lösungsansatz zur Bewertung des wirtschaftlichen Erfolgs einer Qualifizierungsmaßnahme heißt „Zielvereinbarung und Zielführung“. Diese Methode eignet sich besonders für das partizipative Weiterbildungscontrolling in IWP der Weiterbildungsunternehmen und KMU. Zur Vorbereitung einer Zielvereinbarung finden im Vorfeld der Qualifizierungsmaßnahme persönliche Gespräche mit den Teilnehmern statt, u.U. moderiert durch das Weiterbildungsunternehmen, im Mittelpunkt stehen die betriebswirtschaftlichen Ziele der Innovation, wie sie gemessen werden und die dazu gehörenden Qualifizierungsmaßnahmen. Auf diese Weise erkennen die Mitarbeiter viel besser, warum ihre persönliche Weiterbildung wichtig ist und warum ihre Transferergebnisse gemessen werden. Das fördert ihre Motivation zum Lernen und sie bekommen ein besseres Gefühl der Verantwortung für die betriebswirtschaftlichen Ergebnisse. Das gilt auch für die beteiligten Weiterbildungsunternehmen. Mit Hilfe der in den Zielvereinbarungen beschriebenen Unternehmensziele und definierten Kennzahlen und Projektjournale können der Unternehmer und das Weiterbildungsunternehmen auf einfache Weise die Aktivitäten der Mitarbeiter in einer betrieblichen Qualifizierungsmaßnahme messen und bewerten. Im Kern wird mit diesem Lösungsansatz ein Soll-Ist-Vergleich durchgeführt – hier wird die Zielvereinbarung (mit konkreten Darstellungen, was die Bildungsmaßnahme erbringen soll, wie z.B. erhöhte Auftragsabwicklungen per Monat, schnellere Arbeitsbewältigungen, die in Zahlen gefasst werden können etc.) mit dem erzielten ökonomischen Ergebnis verglichen, d.h. eine Messung der quantitativen Zielvorgaben vorgenommen.

Da der wirtschaftliche Erfolg einer Qualifizierung erst längerfristig wirksam wird, ist die Bewertung einige Monate nach Kursende sinnvoll. Für Weiterbildungsunternehmen und die KMU sind

Zielvereinbarungen die bessere und messbarere Alternative gegenüber komplexen Modellen, die viel Zeit und Personal sowie meist „pauschalisierte Hochrechnungen" benötigen bzw. aufweisen.

5. Fazit

Mit dem Trend zur Individualisierung und Flexibilisierung, den demografischen Veränderungen, den Veränderungen in der Förderpolitik und durch den allgemeinen Wandel vom Weiterbildungsanbieter- zum Weiterbildungsnachfragemarkt haben sich die Rahmenbedingungen für die berufliche Weiterbildung nachhaltig verändert.

Um langfristig handlungsfähig zu bleiben, müssen die Weiterbildungsunternehmen kontinuierlich innovative und marktfähige Geschäftsstrategien entwickeln. Sie müssen deshalb lernen, neue Dienstleistungen systematisch für den Markt zu entwickeln und ihre Kunden aus der Wirtschaft, darunter die KMU, mehr als bisher am Innovationsprozess zu beteiligen. Das Konzept der Innovations- und Wertschöpfungspartnerschaft mit dem Vier-Phasen-Modell des Service-Engineering ist ein innovativer Ansatz zur dialogischen Leistungsentwicklung zwischen Weiterbildungsunternehmen und KMU.

Auf seiner Grundlage können die Weiterbildungsunternehmen systematisch passgenaue Leistungen für die Qualifizierungs- und Entwicklungsprozesse in den KMU entwickeln. Partizipation ist ein innovationsförderliches Gestaltungselement von Entwicklungsprozessen und hilft allen Beteiligten, vorhandene Nutzenpotenziale wie „Kundenorientierung" und „Kostenmanagement" zu erschließen und auf diese Weise das eigene Dienstleistungsportfolio zu erweitern.

Zielvereinbarungen mit ökonomischen und pädagogisch-psychologischen Kriterien und Kennzahlen unterstützen die nutzenorientierte Bewertung der Ergebnisse und Wirkungen der beruflichen Weiterbildung.

Partizipation ist ein zukunftsweisender Ansatz für die Gestaltung der Beziehungen zwischen den Weiterbildungsunternehmen und den kleineren mittleren Unternehmen, um Effektivität (Transfersicherung) und Effizienz (Kostensicherung) nachhaltig zu erreichen und zu steigern – gerade für die KMU.

Literatur

BAUMGARTNER, O.: *Nutzenorientiertes Bildungscontrolling und „Best Business Practices“.* – Lich, München, Frankfurt/M., 2014.

BULLINGER, H-J. & SCHEER, A.-W.: *Service Engineering, Entwicklung und Gestaltung innovativer Dienstleistungen.* – Heidelberg, 2004.

HUMMEL, R.: *Erfolgreiches Bildungscontrolling. Praxis und Perspektiven.* – Heidelberg, 2011.

KAUFFELD, S.: *Nachhaltige Weiterbildung. Betriebliche Seminare und Trainings entwickeln, Erfolge messen, Transfer sichern.* – Heidelberg, 2010.

KELLNER, H.J.: *Value of Investment. Neue Evaluierungsmethoden für Personalentwicklung und Bildungscontrolling.* – Offenbach, 2006.

KIRKPATRICK, D.L & KIRKPATRICK, J.D.: *Evaluating training programs: The four levels.* – San Francisco, 1994.

SCHÖNI, W.: *Handbuch Bildungscontrolling – Steuerung von Bildungsprozessen in Unternehmen und Bildungsinstitutionen.* – Zürich, 2009.

WILKENING; O.: *Bildungs-Controlling – Erfolgssteuerungssysteme der Personalentwickler und Wissensmanager.* – In: RIEKHOF, H.-C.: *Strategien der Personalentwicklung.* – Wiesbaden, 2009.